科普漫畫系列

漫畫萬物起源 偉大創新

洋洋兔動漫　著

新雅文化事業有限公司
www.sunya.com.hk

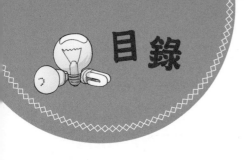

目錄

✦ 改變生活的科技發明

✦ 生活中的意外發現

𖠢 解決難題的神奇發明

𖠢 細心觀察帶來的啟發

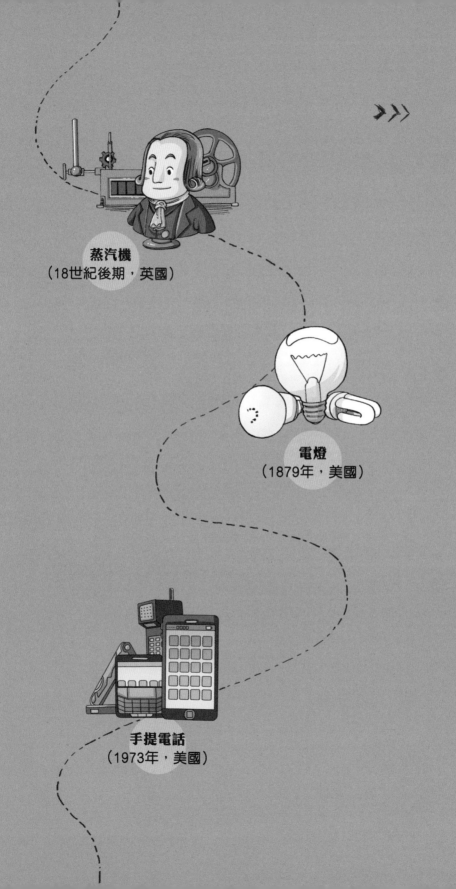

蒸汽機
（18世紀後期，英國）

電燈
（1879年，美國）

手提電話
（1973年，美國）

改變生活的
科技發明

我們身邊的發明一直在一點點改善我們的生活。不過，你知道有些科技發明大大提高了人類的生活質素嗎？接下來，就為你講述這些偉大發明背後的故事吧！

引發工業革命的機械
──蒸汽機的由來 （18世紀後期，英國）

· 蒸汽機是將蒸汽的能量轉換為機械動力的機器。
· 它的出現改變了人們的生產方式，大大提升了生產力。

英國人瓦特是推動蒸汽機發展最重要的人物。他和蒸汽機，還有這樣一個故事……

飛輪

進汽管

曲軸

調速機構

滑閥配汽機構

連杆

活塞

汽缸

我改良的蒸汽機效率極高，直接推動了工業革命的發展。

不過，瓦特是怎樣想到利用蒸汽的呢？
這還要從他小時候看祖母做飯說起。

蓋……蓋子自己跳起來了！

少年瓦特

難道是因為水沸騰後產生了動力嗎？

瓦特，快來吃飯呀！

這個動力是水蒸氣嗎？

你到底在看什麼？趕快去吃飯！

既然蒸汽的力量這麼強大，怎麼才能利用這股力量呢？

臭小子，吃飯的時候就專心吃！

疼疼疼……這也是很大力啊！

接下來的幾天，瓦特一直坐在爐子旁邊仔細地觀察。

好燙！

是否可以利用蒸汽的力量來製造一個強大的機器呢？

瓦特，你玩什麼不好，非要玩水壺蓋！

中年瓦特

其實，在瓦特之前已有紐科門蒸汽機，但它的耗煤量大、效率低。

我要改進它！

這樣太浪費煤了！

1763年，瓦特到格拉斯哥大學*工作，專門修理教學儀器。1781年，瓦特製造了從兩邊推動活塞的雙動蒸汽機，即現代意義上的蒸汽機。

*格拉斯哥大學：位於英國格拉斯哥市，是一所歷史悠久的大學。

終於完成了。

1785年，他因改進蒸汽機的重大貢獻，被選為英國皇家學會會員。

瓦特改進的蒸汽機能充分利用燃料將熱能轉化為機械能，從而使機器的運轉效率大大提高，這是它促成工業革命的原因之一。而瓦特之所以能取得如此巨大的成就，與其自身的鑽研精神是密不可分的。其實，一個人想要取得成功，不僅要善於觀察身邊的事物，更要抱着鑽研到底的精神。只有不怕苦，才能獲得成功。

動力大提升！

人們發明和利用了許多動力裝置，不僅完成了很多人力無法完成的工作，還推動了時代的進步。讓我們一起來看看，從古至今人類使用過的一些「動力」吧。

📢 人力

最早的時候，人們做事都只能憑人力，靠自己的力量完成。這樣的生產效率極低。

📢 牲畜力

後來，人們學會了飼養牲畜，不僅能供日常飲食所用，還可以利用牲畜的力量協助工作。如用牛耕田、用驟馬拉車等，大大提高了農業生產效率。

📢 機械力

隨着科技的發展，人們發現流水、風等自然元素也能被利用。比如，我們經常看到的水車，就是靠流水的力量，帶動水車轉動，從而把水引出來，灌溉和供人飲用的。

🔊 蒸汽機

　　18 世紀後期，英國人瓦特改良了蒸汽機，帶領人類進入「蒸汽時代」，進一步推動工業革命的發展。蒸汽機的出現不僅使生產效率大大提高，還促進了其他各種交通工具的迅速發展。

🔊 內燃機

　　1876 年，德國發明家奧托在總結前人經驗後，設計並製造出第一台四衝程內燃機。內燃機通過在機器內部燃燒燃料，從而產生大量的能量。我們經常說的汽油機和柴油機都屬於內燃機。比起蒸汽機，內燃機更節省燃料，效率更高。後來人們還發明了渦輪來提高燃燒效率。

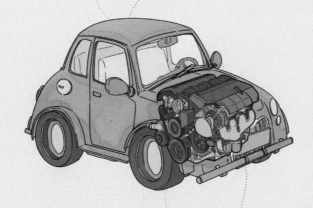

🔊 電動機

　　進入 20 世紀後，人們對於電的應用方式更加成熟，各式各樣的電動機出現。現在，以清潔能源轉化為電能驅動的電動機已經成為未來發展的方向。電動機不但不會產生污染，所佔用的空間也非常小。

大發明家的大發明
——電燈的由來 (1879年，美國)

- 電燈，用電做能源，是將電能轉化為光能的照明工具。
- 它改變了人們的生活，被公認為非常偉大的發明。

在電燈問世以前，人們使用的照明工具都是以火為基礎的，如蠟燭、油燈……

火把

大家聽着，我們必須在火把燒完前走出這片死亡森林！

這時間也太有限了！

蠟燭

蠟燭光太暗了。

油燈

這個呢？

這東西雖然比蠟燭亮，但照明的範圍還是很有限。

如果我們可以點上幾百個油燈，不就很亮了嗎？

那麼太浪費了，煤油燈會冒出黑煙，你會感到身體不適的！

後來，由於電能的發現，英國的一位化學家發明了弧光燈，並在公共場所使用，但是弧光燈*也有很大的缺陷……

愛迪生

啪！

疼！

砰！

哎呀！

這弧光燈真是不耐用，又壞了！

這位青年是一位美國著名發明家。他一生有二千多個發明，一千多項專利。

弧光燈常發出吱吱的響聲，而且光線太強，只能安裝在街道或廣場上，普通家庭是無法使用的。

* 弧光燈：用電極刺激燈中的氣體發光。因為亮度極高，與日光相似，現在常用於室外攝影。但是它能源消耗巨大，使用時還會產生高溫。

我一定要發明一種家用的電燈！

愛迪生首先想到要用電流通過「燈絲」來發光。

快，通電試試。

啪——

燈絲燒斷了。

這是什麼原因呢？

啊！一定是這裏面有空氣，空氣中的氧助燈絲燃燒，才導致它斷掉的！

於是愛迪生製造了抽氣機，把玻璃泡裏的空氣抽掉。

是！

我們再通電試試吧。

這次好多了，居然能持續八分鐘！

燈絲發光時會發熱，於是燈絲就被燒掉了，我們需要更耐熱的材料。

電流通過燈絲時會產生2,000℃的高溫，我們要去哪裏找這種東西啊？

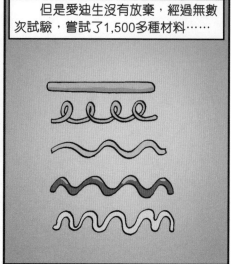

但是愛迪生沒有放棄，經過無數次試驗，嘗試了1,500多種材料……

能找到的材料都要試一下……

鋇、鋁都不行啊……

我們要不要試試熔點較高、耐熱性較強的白金？

嗯，好。

最終，愛迪生用白金做材料，使燈泡的壽命延長到了兩小時。

兩小時。

真是不錯的紀錄啊！

那就繼續找吧。

但是白金非常昂貴，誰願意花這麼多錢去買只能用兩小時的電燈呢？

一天，愛迪生的老朋友前來拜訪他。

愛迪生，你不要只顧着廢寢忘食地做實驗，要注意身體啊！

咦？這圍巾……

哈哈，這是我女朋友送的。

棉紗的纖維比木材的好，不知道燈絲能不能用這種材料？

你有沒有聽我說話啊？

喂，你要對我的圍巾做什麼啊？

把棉紗燒成碳化纖維，應該更耐用！

好，就是它了。

哈哈，這一定是種好材料。謝謝你為我的試驗作出的貢獻。

這貢獻未免太大了，我女朋友不會饒了我的！

愛迪生馬上用這種材料做實驗，結果……

燈泡亮了30個小時、31個小時……

哇，45小時！成功了！

老師，我們燈泡試驗成功的消息轟動了整個世界！

鎢絲的熔點可達3,400℃，工作性能更加穩定了。

1909年，美國人庫里奇改用鎢絲做燈絲，一直沿用到今天。

你的燈泡，我們全要了！

電燈是19世紀末最著名的一項發明，也是愛迪生對人類最輝煌的貢獻。愛迪生發明電燈時屢屢受挫，在他做了1,500多次實驗都沒有找到適合的材料時，有人嘲笑他說：「愛迪生先生，你已經失敗了1,500多次了。」愛迪生回答說：「不，我沒有失敗，我的成就是發現了1,500多種不適合做燈絲的材料。」

隨身攜帶的電話
——手提電話的由來 （1973年，美國）

- 手提電話，也稱移動電話，是可以隨身攜帶的通訊工具。
- 現代人們的生活已經離不開它。

自古以來，人類一直在研究如何獲取更遠處的信息，與遠方的人交流。

是嗎？

我發現這樣就能聽到更遠的聲音了。

我也來試試！

最初，人與人之間沒有什麼工具可傳播信息，只能靠喊話。這樣不但費力，準確度也較低。

喂，你那邊有獵鹿嗎？

什麼？我這邊沒有梨子！

商朝時，邊境的山上建了很多烽火台，以便傳遞敵情和作出警告。那時候少數民族多用狼為圖騰，所以這種煙被稱為「狼煙」。

報告大人，敵人大舉來犯！

快，點狼煙報告陛下！

不好，有敵軍侵犯我邊境，快徵調軍隊，準備迎敵！

春秋時，各地還設立了驛站，用馬來傳遞文件和情報。

快給我換馬，這封加急戰報要送往京城！

好的！

驛

後來，人們利用鴿子識路的特點，訓練出很多信鴿，幫助人們傳遞信息。

送到開封，需要多久？

你要送哪兒？

很快的，10天吧。

這麼久？

1837年，美國人摩斯發明了電報，通過電訊號來傳播訊息，它使訊息傳播得更快、更遠。

快，把這些電報密碼翻譯給老闆看。

好！

幾十年後，美國發明家貝爾發明了電話，成為人類通訊史上劃時代的創舉。

太棒了，居然能聽到千里之外朋友的聲音，就像面對面聊天一樣！

唉，看來電報機已經落伍了！

請問哪裏有公用電話？我有急事。

左轉，左轉，再左轉，走二百米就有啦。

隨着時代的發展，人們又發現固定電話有許多不足之處。

唉，如果有可隨身攜帶的電話該多好啊！

庫帕先生，聽說你們摩托羅拉正在研發移動電話。

貝爾實驗室*的科學家尤爾·恩格爾

許多通訊巨頭都想研製移動電話，其中就有著名的摩托羅拉公司和貝爾實驗室。

是啊，尤爾先生！

我勸你還是放棄吧。

為什麼？

*貝爾實驗室：發明電話的貝爾成立了一間公司，該公司收購了一家實驗室，在訊息技術方面發明眾多。

因為我們貝爾實驗室也在研發這個東西！

哈哈，貝爾先生當年發明電話不是只靠自誇，是要行動的。

你說我自誇？好，那我們就來比一比，看誰先成功研發出移動電話。

沒問題。

馬丁‧庫帕接受了挑戰，日以繼夜地投入移動電話的研發中。

移動電話沒有電話線就要用無線電波，沒有電源就需要一塊壓縮電池……

庫帕先生，你已經連續工作十幾個小時了，喝杯咖啡休息一下吧。

不行，我的時間太寶貴了。

這種移動電話究竟要做成什麼樣子呢？

正當馬丁‧庫帕研發移動電話的工作陷入困境時，突然有一天……

那是什麼？

科幻劇《星際迷航》*啊！

我是說那人手裏拿着的是什麼？

那是庫克船長的無線通訊器，科幻劇嘛，總會有一些新奇的東西。

無線通訊器……

這不正是我要研發的移動電話嗎？哈哈！

1973年4月3日，庫帕在位於紐約曼克頓的摩托羅拉實驗室，成功研製出第一部移動電話。

我們成功了！我親愛的朋友們，我現在就要走上大街，用這部手提電話打電話給一個人。

真的可以嗎？

*《星際迷航》：美國一系列的科幻作品，從20世紀60年代起共有6部電視劇、13部電影和1部動畫片問世。

馬丁・庫帕發明了手提電話，贏了對手，但他並未因此沾沾自喜。

這部移動電話真的太大、太重了，隨身攜帶還是很不方便，應該要精簡部件。

是啊，只能通話35分鐘，充電卻要十幾個小時，還是不方便。

沒錯！各位，我們要把它變得更小巧、更耐用。

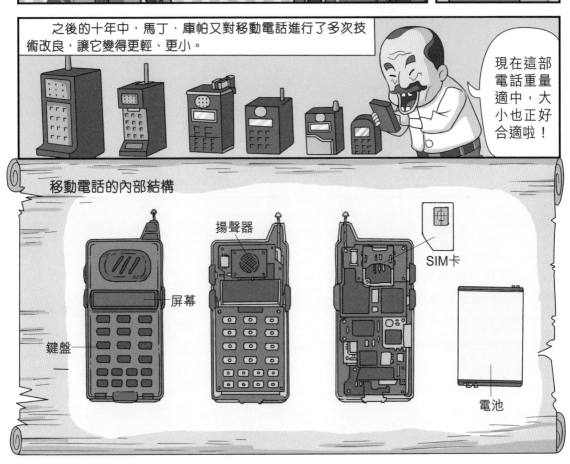

之後的十年中，馬丁・庫帕又對移動電話進行了多次技術改良，讓它變得更輕、更小。

現在這部電話重量適中，大小也正好合適啦！

移動電話的內部結構

屏幕

鍵盤

揚聲器

SIM卡

電池

從此以後，移動電話被廣泛使用，並逐漸取代了固定電話，成為人們最主要的通訊工具。

我是不是也要換部移動電話了……

庫帕當時發明的移動電話，只有打電話、接電話兩種功能。如今，手提電話已經「智能」化了。

手提電話店

智能電話？什麼意思？

智能電話不僅僅可以用來通訊，還能安裝各種軟件，簡直就是一台微型電腦！

隨着電子技術的快速發展，現代化的手提電話不僅品種繁多，而且功能齊全，逐漸影響我們的生活。不過，這也讓人產生了對電子設備的依賴。雖然手提電話讓我們的生活變得更方便，但我們不要忽略人與人之間在現實中的交流啊！

喵！

簡單神奇的紙杯電話

如果用一些簡單的道具就可以製作與朋友溝通的工具，你想不想動手一試呢？

準備兩個紙杯，一條比較長的尼龍線。

在兩個紙杯底部各打一個小孔。把尼龍線穿過小孔，然後打一個結，防止線從杯底脫落。

這樣，這個簡易的紙杯電話就完成啦！快和你的朋友一起做這個實驗吧！

你和你的朋友分別拿着線兩端的紙杯，拉遠各人的距離，直到把紙杯下的線拉直。然後一個人對着紙杯輕聲講話，另一個人把紙杯放到耳邊。你們就可以通過紙杯交流啦！

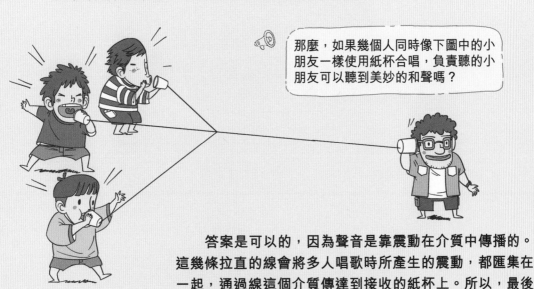

那麼，如果幾個人同時像下圖中的小朋友一樣使用紙杯合唱，負責聽的小朋友可以聽到美妙的和聲嗎？

答案是可以的，因為聲音是靠震動在介質中傳播的。這幾條拉直的線會將多人唱歌時所產生的震動，都匯集在一起，通過線這個介質傳達到接收的紙杯上。所以，最後能聽到美妙的和聲。

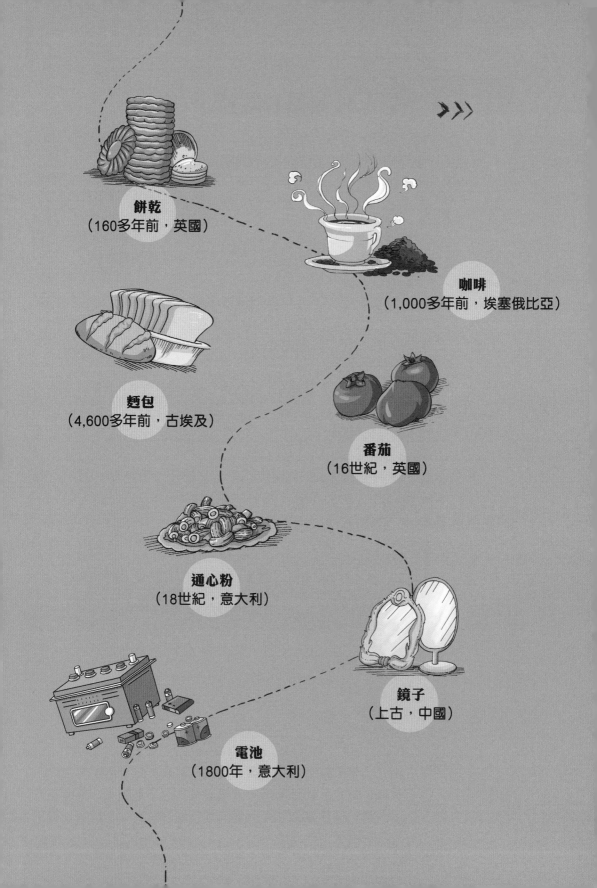

餅乾
（160多年前，英國）

咖啡
（1,000多年前，埃塞俄比亞）

麵包
（4,600多年前，古埃及）

番茄
（16世紀，英國）

通心粉
（18世紀，意大利）

鏡子
（上古，中國）

電池
（1800年，意大利）

生活中的
意外發現

　　生活中時常會出現一些有趣的小意外，當它們發生在有心人身上時，也許就能成就非常偉大的發明、發現。我們身邊熟知的事物中有哪些是源自這樣的意外呢？一起來看看這些意想不到的神奇故事吧。

被水浸泡的食物
——餅乾的由來 （160多年前，英國）

- 餅乾是一種我們常見的零食，它的英文是「biscuit」。
- 它的誕生和一個名叫「比斯開」的海灣有關。

160多年前，在法國附近的比斯開灣海面上，有一艘英國的大帆船遇到了大風浪。

船長，我們的船就快撐不住啦！

把食物搬上救生艇！準備棄船！

大家打起精神來！我們弄點東西吃，慶祝死裏逃生吧！

是，船長！

當船員們滿懷希望地打開帶來的箱子時，卻發現食材經過海水的浸泡，變成了一箱糨糊*。

船長，這些加了糖的麵粉都變成糨糊了，還能吃嗎？

*糨糊：麵粉或澱粉混合水後而成的糊狀物。

反正都被浸泡了，我們乾脆就把這些麵糊烤乾了吃吧！

好主意，保命要緊！

大家行動起來，把麵糊分成小份會乾得較快。

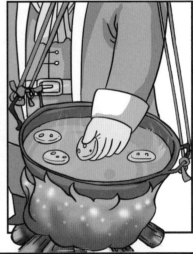

於是他們把麵糊分成一個個小餅放在石鍋上烤。

不一會兒，小餅烤熟了，船長把它們分給了船員們。

不久，途經的商船發現了他們，大家平安獲救。

你們是怎樣在這荒島上活下來的？

我們有特別的乾糧，給你們嘗嘗！

味道真不錯！

於是，船員們用海灣的名字給這種救命的小餅取名，把它們叫作「比斯開」。從此，「比斯開」在全世界流傳開來。

當我們身處險境的時候，不要慌亂，一定要動腦筋想辦法，很多發明就是在危急時刻誕生的。

現代的餅乾產業於19世紀開始，那時的英國航海技術發達。麵包因含有較高的水分，不適合在長期航海中作為儲備糧食，所以船員就以含水量很低的餅乾作為食物。工業革命以後，出現了很多製作餅乾的機械設備，餅乾也迅速地傳遍世界各地。

餅乾

牧羊人的無意發現

——咖啡的由來 （1,000多年前，埃塞俄比亞）

- 「咖啡」一詞源自希臘語「kaweh」，意思是「力量與熱情」，它是一種灌木果實，相傳原產於非洲的埃塞俄比亞。
- 如今，咖啡、茶和可可被稱為世界三大飲料。

根據羅馬語言學家羅士德．奈洛伊的記載，很久以前，是埃塞俄比亞*一位叫卡爾代的牧羊人發現了咖啡……

有一天，卡爾代像往常一樣去放羊，但是最近牧草長得不好……

沒有好草，羊都被餓得沒精打采。

啊！你們想跑到哪兒去？

*埃塞俄比亞：非洲東北部的國家，國土三分之二都是高原。

別跑！給我站住！

喂，你們在吃什麼？

這是什麼果子？萬一有毒怎麼辦？

卡爾代的羊吃了這些果實，很快就變得不一樣了。

嗯？這些羊剛才還垂頭喪氣，現在怎麼精神起來了？

不一會兒，羊羣變得更加興奮，甚至四處亂跳起來。

這些羊居然跳起舞來，興奮成這樣。

肯定是吃了這些果子的緣故。

這些果子沒看出來有什麼不同啊！

哇，原來這些果子真的會讓人興奮！

牧羊人發現了其中的奧秘，後來他把這件事告訴了一個路過的商人。

羊吃了這種果子會興奮不已？有這樣的事？

不信你試試！

味道怪怪的。

還真是提神醒腦啊！真是好東西！

太棒了！

帶幾袋回去研究研究。

不如我試着將這些果子裏面的豆烘焙，再磨成粉末，做成飲料，那一定很美味。

商人還發現果子裏面有豆，於是開始研究如何把豆製成飲料。

1. 將咖啡果實中的咖啡豆烘焙。

2. 再仔細地研磨成粉末。

3. 然後用熱水沖泡、過濾，一杯香醇可口的飲料就做好了。

44

好香啊，該給這種飲料取個什麼名字呢？

那些植物生長在卡法小鎮……

不如叫它「咖啡」吧！

後來，商人開始經營咖啡生意。

給我來一杯提神的飲料，大家常喝的那種。

請稍等，馬上就好了。

商人的咖啡生意越做越大，他每年都從那個叫「卡法」的小鎮收購大量的咖啡豆。

據說牧羊人也因此成了他的合作伙伴。

嘿！朋友，好久不見，還在放羊呀！我給你帶來了賺大錢的機會。

多虧你發現了咖啡豆，才讓我做起了這個大生意。

呵呵，是你的智慧讓它傳播得更廣啊！

咖啡、茶與可可被稱為世界三大飲料，多年以來，喝咖啡的習慣逐漸在很多國家流行起來。咖啡的品種和口味也不盡相同，有高貴典雅的研磨咖啡，也有方便快捷的即溶咖啡。如果沒有牧羊人強烈的好奇心，沒有商人大膽的嘗試，也許就不會有咖啡的誕生了。

被太陽曝曬的麵團

——麵包的由來 (4,600多年前，古埃及)

- 麵包是一種以小麥粉為基本原料的食物。
- 它要經過發酵和烘焙。
- 它是西方人最喜愛的主食。

公元前2,600年的古埃及

一會兒就集合了，但是主人的餅還沒做完，我要抓緊時間。

奴隸

集合啦！

啊，馬上來！

於是，揉好的麵團被丟在了太陽底下。

就說到這兒，做飯去吧！

哎呀，我的麵團！

這傢伙怎麼了？

怎麼會這樣呢？

放置後的麵團竟然膨脹了一倍。

馬上就開飯了，現在重新搓麵團也來不及了。

烤了你可能會被責備，不烤你也會被責備，試一試吧！

你的午飯做好了。

咦？今天的餅有些不一樣啊！

新菜式，新菜式……

神啊，保佑我吧！

嗯，這個新菜式的味道真不錯！

一定是神眷顧我們！

從今天起，你就負責做這種食物吧！

是！

這種鬆軟、美味的「烤餅」便是世界上最早的麵包。那時的人發現了麵包的做法，卻不明白使麵團膨脹的原因。

為什麼麵團被陽光照一照就會膨脹、變軟呢？

對啊，為什麼呢？

想那麼多幹嗎？主人愛吃不就得了！

明明就是你也不知道……

19世紀，法國生物學家路易斯·巴斯德成功發現了發酵作用的原理，為麵包製作揭開了自古埃及傳下來的神秘之謎。

哇，原來是酵母菌的作用！

1.

把搓好的麵團放在溫暖處，空氣中的酵母菌就會侵入其中。酵母菌可以分解糖分，產生大量的二氧化碳。

溫室

酵母

糖

糖

2.

二氧化碳在麵團中構成蜂窩狀的洞。

3.

麵包被烘烤後，蜂窩裏的氣體受熱膨脹，麵包就被撐大了，使它的口感變得鬆軟、美味。

能讓麵包變「胖」的酵母菌

嘿嘿，這些食物裏都不能沒有我。

1. 酵母菌是一種真菌，也是食品中常見的發酵菌之一，它可以分解糖分。酵母菌可以用於製作麵包、釀酒。

酵母菌在有氧的環境中可以分解出二氧化碳和水，無氧時則分解出酒精和二氧化碳。

2. 發麵時，酵母菌可以使麵包團中產生二氧化碳，在麵團中構成蜂窩狀的洞，使麵包膨脹起來。

酵母菌

3. 發酵能分解蛋白質、脂肪等大分子，使食品易於消化吸收，同時合成一些動植物自身無法合成的微生物，以及其他有益健康的物質。

4. 發酵可以改變食物的味道和質感，例如讓麵包變得更加鬆軟，讓腐乳變得滑膩，讓乳酪變得濃稠，讓紅茶變得醇香。

顏色鮮紅的「狼桃」
——番茄的由來 （16世紀，英國）

- 番茄又稱「西紅柿」，原產自南美洲。
- 番茄富含維生素A和維生素C，被稱為「維生素蔬菜」。

相傳番茄源自秘魯和墨西哥，它原本是一種長在森林裏的野生漿果，當地人認為它有毒，稱它為「狼桃」。

哇，看起來不錯，應該很好吃！

別動，這是狼桃，有毒！

啊？

這種植物只能看，不能吃。

16世紀，有位名叫俄羅達拉的英國公爵來到了南美洲。

哇，好漂亮的植物！

我要把它們帶回英國，獻給親愛的伊麗莎白女王！

於是狼桃跟隨他來到了英國。

哇，好漂亮的果子！

我就知道你會喜歡。

此後，狼桃開始在歐洲種植，並有了「愛情果」、「情人果」的美稱，但仍然沒有人敢吃它。

這些果子可以吃嗎？

不，這些果子只可以觀賞，不能吃。

羅伯特

哈哈，收成這麼好，我發財啦！

1830年，美國上校羅伯特從歐洲帶回幾棵狼桃苗，栽種在自己的農場裏。

羅伯特把他種植的狼桃帶到市集上販賣，但是無人問津。

這麼好的狼桃，居然一個都賣不出去。

情況不太妙啊！

這種有毒的東西你也敢賣？

有毒？你不要胡說八道！

沒毒嗎？那你證明一下啊！

證明就證明！明天中午十二點，我在法院門口當眾吃下十個狼桃給你看！

次日中午，法院門口聚集了上千人，大家都來看羅伯特吃狼桃。

羅伯特用行動證明了狼桃沒有毒，這件事引起轟動，人們都開始嘗試吃狼桃。

看，他沒事。

狼桃真的可以吃！

這個是羅伯特驗證過的，沒毒。

後來人們都喜歡上番茄了。番茄大約在明朝傳入中國，而在歷史上，中國人對於境外傳入的事物都習慣加「番」字，因為它看似柿子，所以當時番茄被稱為「番柿」。它的顏色是紅色的，又來自西方，所以又被稱為「西紅柿」。接着它又從中國傳到日本，日本便稱它為「唐柿」。

空心的麵條
——通心粉的由來 （18世紀，意大利）

- 通心粉也稱「通心麵」，其醬汁可以留在空心的通心粉裏。
- 它是意大利人引以為豪的食物。

傳說在18世紀意大利的拿坡里附近有家小酒館，店主名叫馬卡·羅尼，專門出售當地人喜愛的麵條和麵片。

麵片來了！

羅尼

老闆，你們家的麵片真好吃！

好吃你就多吃點吧！

老闆，這裏等很久了呀！

此時羅尼的小女兒正在用麵片玩耍。她把麵片捲成空心的麵條，晾在晾衣繩上。

我的天，你在幹什麼？

爸爸，難道這樣不好看嗎？

唉，沒有材料做麵片，該怎麼辦啊？

你把這些麵煮熟了，拌上醬！

先應付過去再說。

好吧。

羅尼把女兒捲的空心麵條收回來，煮熟之後拌着番茄醬賣給了顧客。

好，好，馬上來！

這種空心麵條大受歡迎，馬卡·羅尼受到了啟發，建成了世界上第一家通心粉加工廠。後來，通心粉漸漸傳到了世界各地。

我有個好女兒啊！

通心粉的發明純屬偶然，這說明成功也有很多偶然因素，但並不是每個人都能夠抓住這些偶然的機會，機會始終留給那些有心人。

醜妃子的大發現
——鏡子的由來 (上古，中國)

- 鏡子是一種表面光滑、能反光的物品。
- 它常被人們用來整理儀容。
- 古代的鏡子大部分是用特殊的石頭或金屬研磨拋光製成的。

相傳，第一面鏡子是由黃帝的第四個妻子嫫母製作的。嫫母心地善良，只是相貌醜陋。

品行比美貌更重要啊！

嘿嘿！

很醜呀，我不想被人看到自己的樣子呢……

那時的人們都去河邊洗臉梳頭，將河水當成鏡子，嫫母因為自己醜，總想躲着別人。

有一次，黃帝的另一個妃子彤魚氏叫嫫母和她一起上山挖石板*。

嫫母，我們的石板不夠了，我們上山挖一些吧。

好！

哈，我又找到了一塊石板！

咦，這是什麼？

呀……

*石板：古人用石板來做記錄工具等。

鬼呀！

等等，那個人影好像是我……

嫫母又把石頭撿了回來。

哇，這塊石頭照人比水還清楚！

嫫母，該回去啦！

來啦！

於是，如獲至寶的嫫母悄悄把這塊石板帶回家了。

石板上凹凸不平，把人照得怪模怪樣，也許把它磨平了會好點。

我要把它磨平。

經過反覆打磨後，現在清晰多了。哎呀，有時模糊點也是好的，現在石板清楚地照出了我的樣子呢！

長得醜不能怪石板呀！

從此以後，嫫母再也不去河邊梳妝打扮了。

真方便，以後就可以在家梳妝了。

這是什麼東西呀？

是這樣的……

這是重大發現，我要給你記一大功啊！

我把其他姐妹叫來，一起試試。

怪不得很長時間都不見媄母去河邊梳妝打扮了。

黃帝應該好好賜賞她才對。

當然要賞。

謝謝黃帝，大家美才是真的美呀！

後來隨着冶煉技術的發展，人類發明了銅鏡和鐵鏡。

玻璃　　汞　　錫箔

這比銅鏡輕多了，而且影像又清晰。

16世紀，隨着玻璃的普及，人們用汞在玻璃上貼附錫箔，發明了玻璃鏡子。

中國古代使用鏡子的歷史悠久，其中古代銅鏡最令人印象深刻。春秋戰國時期，銅鏡逐漸流行。最初的銅鏡較薄，圓形帶凸緣，背面有飾紋或銘文，背中央有半圓形鈕，用於安放鏡子，沒有手柄，這也形成了中國鏡如藝術品般獨特的風格。

鏡子的歷史

陶鑒

　　古代人們多以水照影，鏡子起初被稱為「鑒」。鑒就是盛水的大盆，最初是由陶做的，後來有了青銅製的，當時的人們就是用裝滿水的鑒當鏡子的。

青銅鏡

　　自商代起，人們用青銅磨光做鏡子，光亮的表面可以映照人的模樣，人們也會在青銅背面雕上花紋圖案。
　　到了漢代，改稱「鑒」為「鏡」。青銅鏡更加精美，除了花紋圖形，還有鳥獸、人物等。
　　隋唐時，人們在青銅合金中加大了錫的成分，使銅鏡顯得更加明亮。造型上也打破了以往以圓形和方形為主的傳統，出現了葵花、菱花等式樣。

玻璃鏡

　　12 世紀末至 13 世紀初，歐洲出現了以玻璃作為材料的鏡子。文藝復興時期，玻璃鏡已經在歐洲普遍使用。
　　玻璃鏡大約在明朝時期被傳教士帶到了中國，很快就開始流行起來。清朝乾隆以後，玻璃鏡開始在民間被廣泛應用，取代了青銅鏡。

凹面鏡和凸面鏡

在我們日常生活中，除了最常見的平面鏡外，還有凹面鏡和凸面鏡。

凹面鏡、凸面鏡成像的原理和平面鏡是一樣的，都是遵循光的反射原理。由於這三種鏡子的鏡面曲率不同，所以它們所成的影像也不一樣。

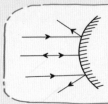 平行的光束射到凸面鏡後，光線會擴散。

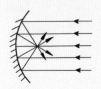 平行的光束射到凹面鏡後，光線則會聚攏。

生活中的凸面鏡和凹面鏡

凸面鏡多被用作汽車的倒後鏡，使司機能看到車後更大範圍的路況。

凹面鏡則多用於車燈，這樣可以將光源散射的光聚攏，能夠提高亮度。

當我們站在凸面鏡前時，會看到鏡子裏的影像比自己大，而凹面鏡會把人照得較小。

哈哈哈！

神奇的哈哈鏡

人們根據凸面鏡可以放大影像，而凹面鏡可以縮小影像的特性，製成了鏡面凹凸不平的哈哈鏡。當人站在哈哈鏡前面，由於有些部位被放大，有些部位被縮小，鏡子中就會呈現出非常古怪、有趣的人像。

鏡子文化

　　鏡子在中國傳統文化中的寓意非常豐富。古人基本都是在鏡子前看到自己的外貌，所以許多文人在照鏡子時，都會產生時光易逝、青春不再的悲涼之情，並且寫出了許多出色的詩句。

> 皎皎青銅鏡，
> 斑斑白絲鬢。
> 豈復更藏年，
> 實年君不信。

白居易

> 明亮的青銅鏡裏，
> 我的兩鬢斑白，怎麼能
> 隱瞞歲數？實際的年齡
> 說出來，別人都不信。

> 白髮三千丈，
> 緣愁似個長。
> 不知明鏡裏，
> 何處得秋霜。

李白

> 衰鬢朝臨鏡，
> 將看卻自疑。
> 慚君明似月，
> 照我白如絲。

李益

　　早上照鏡子看到疏白的鬢髮，都不敢相信這就是自己。鏡子明亮如月，照得我的頭髮像白絲一樣。

　　我的白髮有三千丈長，心中的愁緒也像這樣。明亮的鏡子中，我的白髮像秋霜，不知道為何會變成這副模樣？

📢 鏡子與真實

　　一個人不論高矮胖瘦、老少美醜，所有的優點和缺點在鏡子中都會如實地呈現。所以，鏡子又代表着真實。

　　墨家的經典著作《墨子》中提及君子不用水來當鏡子，而是拿別人來當鏡子。用水來當鏡子可看到的是容貌，而用人當鏡子則能知道對錯。

> 君子不鏡於水
> 面而鏡於人。鏡
> 於水，見面之容；
> 鏡於人，則知吉
> 與凶。

> 夫以銅為鏡，可以
> 正衣冠；以古為鏡，
> 可以知興替；以人
> 為鏡，可以明得失。

　　唐太宗李世民在大臣魏徵死後，曾說過用銅來當鏡子，可以看到衣帽是否穿戴得端正；用歷史來當鏡子，可以知道國家興亡的原因；用人當鏡子，可以知道自己的對錯。

潛望鏡

潛望鏡是從海面下伸出海面，或者從低窪的坑道伸出地面，窺探海面或地面情況的裝置，常用於潛水艇或坦克。

潛望鏡原理

光線經過兩個反射鏡的兩次反射後進入觀察者的眼睛。

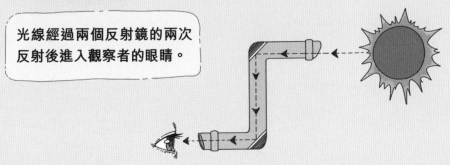

潛望鏡製作

準備材料：兩面一樣大的小方鏡、一塊硬紙板、膠紙。

（如果小鏡子長 10 厘米、闊 7 厘米，那紙板就應該闊 28 厘米）

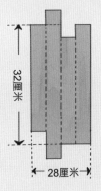

32厘米

28厘米

1. 在紙板上畫出 3 條平行線，每條線之間的距離都是 7 厘米，然後沿實線剪下。

2. 按照畫出的虛線摺疊，把紙板做成一個長方形的盒子，用膠紙黏好。

3. 用膠紙將兩面鏡子平行地黏在盒子裏。這樣，一個簡易潛望鏡就做好了！

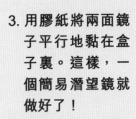

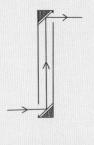

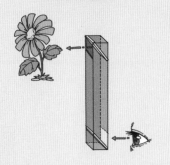

解剖青蛙的意外發現
——電池的由來 （1800年，意大利）

- 電池是用來產生和儲存電能的裝置，應用廣泛。

在古代，人類就已經在不斷地研究和測試「電」這種東西了。

除了自然電，還有靜電，如何儲存和使用電卻一直是個問題。

摩擦！

摩擦！

看到了嗎？摩擦琥珀就可以吸起衣物。

到了1780年，一個偶然的機會讓人們找到了辦法。這一天，意大利解剖學家伽伐尼像往常一樣做青蛙解剖實驗。

工作雖然枯燥，但我相信只要堅持就能有收穫。

這是什麼情況？青蛙要復活了？太恐怖了！

哇！

不對，莫非是金屬器械的緣故？

紋絲不動。

只用一種金屬觸碰，青蛙並沒有反應。

但是兩種金屬同時觸碰，青蛙就會動起來……

哦，我明白了，一定是動物體內產生了一種如同閃電一樣的生物電，被金屬器械激發後才發生抽搐。

經過反覆實驗，1791年，伽伐尼發表了實驗的結論，立刻引起了物理學家們的注意。

伽伐尼！

真的嗎？

伽伐尼的這個發現太神奇啦！

我相信，生物的體內能產生生物電。

不可思議。

有意思。

沒錯，說不定能從中找到產生電流的方法。

用浸透鹽水的絨布代替鹽水，這樣就更方便了，哈哈，果然簡單！

之後，伏特經過不斷的改良，研製出世界上第一個電池——伏特電堆。

此後，人們不斷對電池進行改良，發明了各種各樣的蓄電池。

有了電池後，生活真是方便多了！

　　電池是一項偉大的發明，尤其是太陽能電池。在絕大多數情況下，人類是通過燃燒煤、石油和天然氣來獲得電能的。這些都是不可再生的資源，而且燃燒時還會產生許多污染物質。太陽能電池可以將太陽光直接轉化成電能，不僅不會污染環境，而且幾乎取之不盡、用之不竭。

電池的發展史

　　伏特電堆，是靠兩種不同的物質在一種充當電解液的溶液中反應而發電的，後來科學家們不斷改善其中的材料。

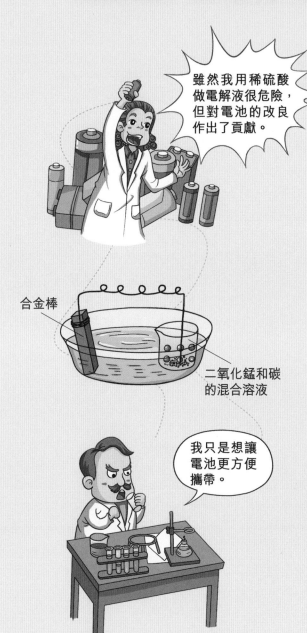

雖然我用稀硫酸做電解液很危險，但對電池的改良作出了貢獻。

合金棒

二氧化錳和碳的混合溶液

我只是想讓電池更方便攜帶。

📢 鋅銅電池

　　1836 年，英國的丹尼爾改良了「伏特電堆」，用稀硫酸做電解液，製造出世界上第一個實用電池，並用於早期鐵路的信號燈。

📢 碳鋅電池

　　1860 年，法國人雷克蘭士發明了一種新電池，它的一頭是鋅和汞的合金棒，另一頭是二氧化錳和碳的混合物，用氯化銨溶液做電解液。這種電池不僅安全，而且造價便宜，曾被廣泛使用。

📢 乾電池

　　1887 年，英國人赫勒森將電池的電解液改進成糊狀，這樣就不容易發生洩漏，而且更方便攜帶。赫勒森發明的電池就是最早的乾電池，被廣泛應用。

電池是如何放電的？

電池可以放電是因為應用了兩個化學反應，將化學能轉化成了電能。在電池的負極中是一些化學反應比較活躍的物質，如鉛、鋅等金屬物質。在電池的正極中則是二氧化錳、二氧化鉛等化學物質。

當電池的兩極被接通，就會發生化學反應，在負極上的反應會分離出電子，而正極反應正好需要電子，於是電子從負極跑到正極，就產生了電流。

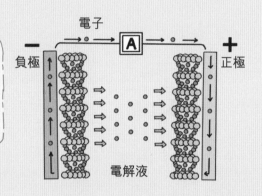

現在我們常見的電池就是整合了這個化學反應所需的要素，將正負極的化學原料封入電池中，在內部將兩者隔開，使它們分別在兩頭發生反應。

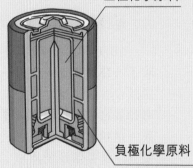

正極化學原料

負極化學原料

生活中我們還能見到充電電池，它的原理是將電池放電的過程進行了逆轉。但是能夠進行這種充電反應過程的原料是特定的，所以如果在電池上沒有可以充電的說明，千萬不可以隨意充電，以免出現起火、爆炸的危險。

摩擦起電

準備材料：兩條玻璃棒、一條橡膠棒、一塊絲綢、一件毛衣（或毛線織成的頸巾）、一些碎紙屑和一條繩。

小實驗1：

① 用絲綢摩擦一條玻璃棒。

把摩擦過的玻璃棒靠近碎紙屑，碎紙屑就會被吸到玻璃棒上。

② 再用毛衣摩擦一條橡膠棒。

把摩擦過的橡膠棒靠近碎紙屑，碎紙屑就會被吸到橡膠棒上。

實驗揭秘

這個實驗說明，被絲綢摩擦過的玻璃棒和被毛巾摩擦過的橡膠棒帶了電，把碎紙屑吸附上來。

小實驗2：

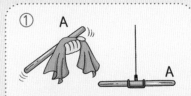

① 先用絲綢摩擦一條玻璃棒，再將玻璃棒懸掛起來。

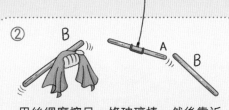

② 用絲綢摩擦另一條玻璃棒，然後靠近懸掛的玻璃棒，懸掛的玻璃棒會被推開。

③ 把用毛衣摩擦過的橡膠棒靠近懸掛的玻璃棒。

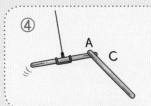

④ 懸掛的玻璃棒會被吸引而靠近。

實驗揭秘

這個實驗說明，玻璃棒和橡膠棒所帶的電是相反的。絲綢擦過的玻璃棒帶有正電，同性互相排斥；毛衣摩擦過的橡膠棒帶有負電，正負電異性相吸。

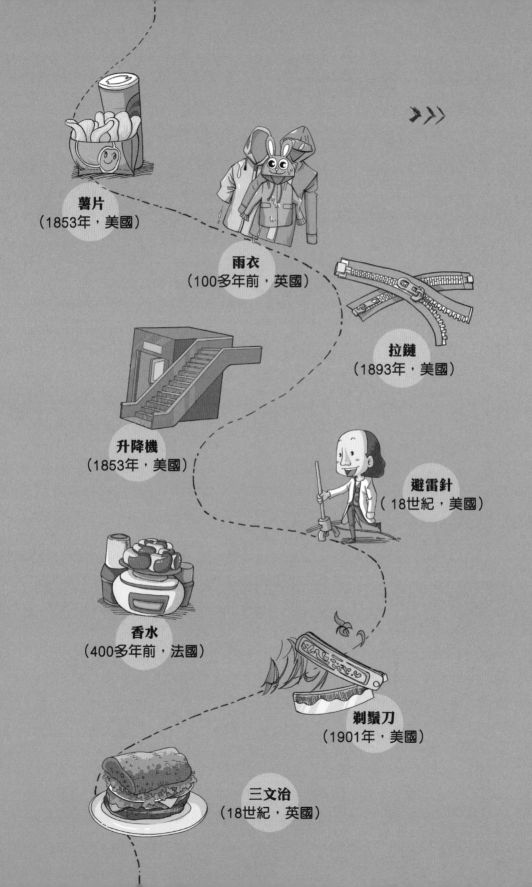

薯片
（1853年，美國）

雨衣
（100多年前，英國）

拉鏈
（1893年，美國）

升降機
（1853年，美國）

避雷針
（18世紀，美國）

香水
（400多年前，法國）

剃鬚刀
（1901年，美國）

三文治
（18世紀，英國）

解決難題的
神奇發明

現在，我們的生活變得越來越簡單、方便，這都離不開人們不斷思考、渴求改變和創新的決心。有時，只是為了解決一個問題就能誕生出偉大的發明呢！

客人苛刻的要求

——薯片的由來 （1853年，美國）

- 薯片是將馬鈴薯切為薄片，然後油炸或烘烤至酥脆的零食。
- 它受到世界各地的人所喜愛。

薯片是美國印第安人喬治·加林發明的。

1853年的一天，作為一家餐館廚師的喬治·加林正像平常一樣做薯條。

喬治，客人說你炸的薯條太粗了，想重新要一份幼一點的。

好吧，我重新切一份！

但是喬治反覆做了幾次，都沒能讓那位客人滿意。

客人還是覺得你做的薯條太粗了……

他是在故意的嗎？

冷靜啊！顧客永遠是對的，你還是再做一份吧。

哼！乾脆把馬鈴薯切成薄片油炸好了。

看你怎麼用叉來吃，哈哈！

請享用特製薯條。

你們的廚師把薯條壓扁了嗎？

我直接用手拿來吃吧……

哇，真脆，比薯條好吃多了！

他還真喜歡了。

88

從此，菜單上出現了薯片，並成為這個餐廳的特色菜。

我們還加工了，你可以帶回去吃。

太好了！

不久，喬治開了自己的餐廳，主打的特色菜就是薯片。

沒想到薯片這麼受歡迎。

只是手工削皮和切片太麻煩了。

後來，馬鈴薯削皮機的發明使薯片的製作速度加快了許多。

薯片也被包裝起來，放在商店中銷售。

我要兩包薯片！

薯片能夠被發明，與這位廚師不斷嘗試的精神密不可分。他反覆試驗，以滿足客人的需求，最終發明了薯片。從他身上，我們學會無論做什麼，都不要輕易放棄，在不斷嘗試的過程中，可能就會有意外的發現。

在家自製薯片

薯片又香又脆，是很多人喜歡吃的零食。你有沒有想過，我們在家也可以自製薯片呢？

把馬鈴薯洗乾淨，切成厚度均勻的薯片，然後放在清水中把薯片表面的澱粉洗掉。

將洗乾淨的薯片放在一個盆裏，加入適量的鹽和其他喜愛的調味粉，如胡椒粉、五香粉、黑椒等，翻幾下薯片，讓薯片更入味。

將調好味的薯片放在微波爐專用的器皿上，放的時候薯片不要重疊。放進微波爐裏，用高火加熱三分鐘，取出來把薯片翻面，再放進微波爐裏加熱三分鐘。

三分鐘之後，將薯片從微波爐裏取出來，放涼後脆脆的薯片就完成啦！

超市裏的薯片是怎麼來的？

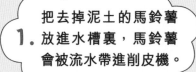

1. 把去掉泥土的馬鈴薯放進水槽裏，馬鈴薯會被流水帶進削皮機。

2. 削皮機能將馬鈴薯皮去掉，然後用冷水把削皮時產生的澱粉洗掉。

削皮機

切片機

3. 切片機將馬鈴薯切成薄薄的薯片。薯片進入一個巨大的滾筒中，它們需要再沖一次「冷水澡」，去掉切片時產生的澱粉。

塗滿橡膠的衣服
——雨衣的由來 （100多年前，英國）

- 它是用防水布料製成的衣服，可用來擋雨。
- 它的英文「mackintosh」源於一個窮苦工人。

麥金杜斯是19世紀蘇格蘭一家橡膠工廠的工人。節衣縮食的他，日子過得非常清苦。

只剩下這一個麵包了，應該切成一塊塊，還是切成片吃呢？

汪！

站住！那是我三天的食物，快還給我！

一天……

橡膠

嘿，麥金杜斯，請幫我搬一桶橡膠液過來吧。

好的！

我搬過來了。

謝謝！

啊！

該死！該死！

怎麼了？

橡膠液沾在衣服上了，擦不掉。

你就當作是裝飾，也很好看啊，哈哈哈哈！

難道是……

我明白了，原來那些橡膠液塗在衣服上可以防水……

如果我把整件衣服都塗上橡膠液，那不就製成了一件防雨的衣服了嗎？

哈哈！這個想法太厲害了！

第二天

麥金杜斯，這件衣服真的能防雨嗎？

當然啦！我就是穿着它瀟灑地從雨中走來的。

哈哈，我也要一件這樣的雨衣。

我也要一件。

橡膠雨衣的名聲越來越大，引起了英國冶金學家帕克斯的注意。

這個麥金杜斯的橡膠雨衣雖然可以防雨，但是硬邦邦的，穿起來既不美觀，也不舒服。

是呀，所以要直接在材質上使用防水材料，不能只直接把橡膠液塗上去。

教授，這種材料果然柔軟多了，也美觀了許多。

哈哈，成功啦！

事實再一次證明，只要努力，世界就會不斷進步！

太感動了。

帕克斯把自己的專利賣給了商人查爾斯，很快「查爾斯雨衣」就風靡全球。

新上市的查爾斯雨衣，真的柔軟、舒適呢！

雨衣

查爾斯雨衣

我也是買查爾斯的雨衣，很漂亮呢！

在橡膠雨衣發明之前，中國也有用來防雨的衣服。在周朝，人們就學會用一種不容易腐爛的蓑草編成衣服，叫作蓑衣。這種蓑衣雖然不美觀，但在雨天穿上它，防雨效果很好。

可以移動的扣子
——拉鏈的由來 (1893年，美國)

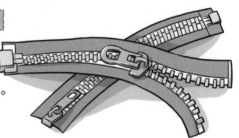

- 拉鏈，是用在服裝、袋子上的一種扣件。
- 它由一個滑動件帶動，將兩條齒帶咬合相扣。

100多年前，許多歐美國家流行穿長筒靴，但穿靴子是一件麻煩的事。

怎麼樣？還滿意吧？

這靴子很美，但是有20多個鈕扣，穿起來太費勁，更別說脫鞋了！

這個……我們一定想辦法改進。

難道沒有什麼東西可以取代鈕扣嗎？真傷腦筋呀！

1893年，美國工程師賈德森發明了「鈎子鎖扣」，獲得了專利，並把它帶到了世界博覽會上，這就是最初的拉鏈。

這是什麼東西？看上去怪怪的。

這叫鈎子鎖扣，是我發明的一種自動扣衣工具，可以代替鈕扣。

展台

各位請看，只要我往上拉，鈎孔就會扣住。

哇！果然扣在一起了。

往下拉是不是就開了？

卡住！

哈哈哈，往下拉就卡住啦！

看來，這東西鎖住容易，拉開難呢！

不，各位等等，這純粹是一個意外，意外……

在這場有2,700多萬人次參觀的博覽會上，賈德森的展台前一片冷清。

展台

沒有人來看我的發明……不過，沒關係，只是他們還沒有認識到鈎子鎖扣的價值。

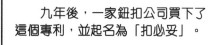

九年後，一家鈕扣公司買下了這個專利，並起名為「扣必妥」。

賈德森，你的發明非常有創意，將來肯定能賺大錢。

哇哈哈哈，終於有人發現這個發明的價值啦！

可是，由於技術上的問題，「扣必妥」嚴重滯銷，這個世界第一家拉鏈公司最終因虧本而關門。

你們的產品不是拉不上，就是打不開，有時候還會突然繃開！

沒錯，經常出問題，還敢叫「扣必妥」！

兩位別着急，出了問題我們慢慢解決。

什麼慢慢解決？我沒時間等你解決，我就是要退貨！

對，退貨！

直到1913年，在美國工作的瑞典人森貝克對拉鏈進行了改良。

首先我們去掉了鉤子，重新設計了一個拉頭。

又將左右兩側設計成鏈牙，當拉頭拉起，就會讓鏈牙緊緊咬在一起。

這個拉鏈齒齒相扣非常牢固，只有用拉頭反向拉，把齒隔開才能打開。

太好了，我們可以把它用在女裝上！

但是，人們還是沒有接受這個改進的拉鏈，而且它還受到了鈕扣商的批評。

這種東西真是時尚服飾的敵人！

不過一些意外往往能帶來轉機，一場法國的空難「拯救」了被忽視的拉鏈。

砰砰砰

轟

墜機的調查結果出來了嗎？

啊？命令今後不准在飛行服裝上釘鈕扣。

經過事故調查小組仔細分析取證，發現是飛行員上衣掉的一粒鈕扣滾進了飛機發動機，從而引發的事故。

是！

之後歐洲各國紛紛仿效，禁止在飛行服裝上釘鈕扣，這也影響了美國。森貝克立刻與國防部取得聯繫，提出為其製作用拉鏈代替鈕扣的飛行服。

這個真的能代替鈕扣嗎？

是的，將軍，而且非常牢固。

嗯，那就按照你的意思去做吧。

這一舉動產生了巨大的廣告效應，隨後陸軍、海軍紛紛訂購，拉鏈從此開始流行。

哇！

哇！

將軍，這種軍裝可以大幅提高士兵的穿衣速度，節省時間。

哇！

哇！

而且把它用在口袋上，裝東西不會掉出來。

太好了，你們生產多少，我要多少！

到了第一次世界大戰時，拉鏈更是被大量用在軍裝上。

後來，塑料拉鏈的出現，大大降低了拉鏈的價格，從此它開始走向大眾市場。如今，拉鏈在我們的生活中無處不在。

沒想到，我的「小拉鏈」以它頑強的生命力成就了一個這麼大的「奇跡」。

這都是幾代人不放棄和努力爭取的成果。

拉鏈的發明和推廣幾經波折。它不像其他偉大發明那樣，一出現就受到人們的追捧和讚揚。但是，那些設計拉鏈的人並沒有氣餒放棄，而是不斷改進，不斷地推廣，最終得到了人們的認可。

角鬥場的升降器
——升降機的由來 (1853年，美國)

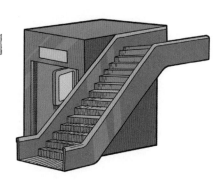

- 升降機，以電為動力的升降工具。
- 它可以乘載人和物品，是非常方便的工具。

自古以來，人們一直在探索如何把東西從低處搬運到高處。

呼！

呼！

古代，埃及人在建造金字塔時，為了方便運送石料，建造了簡單的升降工具。

用力拉呀！加把勁呀！

1,900多年前，歐洲古羅馬有一位叫尼祿*的暴君，常常讓角鬥士與野獸搏鬥，他在高處觀看取樂。

*尼祿：古羅馬帝國的君主，沉迷藝術和建築，處死了自己的母親和幾任妻子，被稱為「嗜血的尼祿」。

怎麼了？野獸為什麼還不出場？

陛下，這頭猛獸太大了，用了十幾個人到現在還沒把牠弄進角鬥場內。

為了安全起見，野獸和角鬥士都是從地下出場。

十幾個人用了這麼久都弄不出來，全是廢物，給我統統砍了！

你給本王想個辦法，從今以後再延誤搏鬥，小心你的腦袋！

幾天後……

你帶本王到角鬥場的地下幹什麼？

陛下請看。

這……這是什麼？

111

快躲開！

太危險了，差點沒命了！

唉！這個升降機雖然方便，但不安全，一旦繩索斷裂，就很容易發生危險。

直到1853年，美國機械師奧的斯發明了安全升降機，在紐約的水晶宮世界博覽會上，他向世人展示了驚人的一幕。

水晶宮世界博覽會

先生們，女士們，快來看啊！

這是我發明的升降機，現在我要剪斷繩索。

奧的斯從此聲名大噪，並成立了世界上最大的升降機公司。

大家加油！我們接到了來自世界各地的訂單！

嗯！

人活着，要有理想，我的理想是製造出世界上最好、最安全的升降機。

我們和你一起努力！

1889年12月，奧的斯公司製造出以直流電動機為動力的升降機，也就是我們今天常見的升降機啦！

升降機的廣泛使用改變了城市的面貌，促進了摩天大樓的建造。

帝國大廈

帝國大廈高達102層，如果以步行的方式走到頂層需要一個小時。

102層？一個小時？那不是很累嗎？

乘坐高速升降機，幾分鐘就可以到達頂層了。

有升降機真是方便。

歡迎乘坐。

很快呢！一下子就到了！

東京著名的景點——東京晴空塔中的升降機時速達到每小時 36 公里，可以讓乘客轉瞬間就舒適地到達 350 米的觀景台。升降機內部還有以四季為主題的圖案。日立電子公司後來還製造了比它快一倍的高速升降機。

現在，升降機已經成為我們生活中不可缺少的一部分，它的發明為我們節省了很多時間與勞動力。隨着科技的發展，升降機的結構和性能都得到了很大的改進和創新。人們根據不同的需求，發明了各種升降機，如用作普通的乘載用途，也有特別設計於觀光、建築施工用途的升降機。人類的生活也因為有了升降機而變得更加方便、美好。

對付雷電襲擊的鐵棒
——避雷針的由來 （18世紀，美國）

- 避雷針是安裝在高大建築物頂端的一根金屬棒。
- 它通過接地的原理保護房屋不受雷擊損壞。

18世紀以前，人們普遍相信「雷是上帝在發怒」的說法，但是科學家富蘭克林卻不這麼認為。

富蘭克林

我堅信雷與普通的電沒有區別。

不對，那是上帝在發怒！

雷把房子劈得着火了，快來救火！

不一會兒，雷果然打在風箏上，風箏線末端的鑰匙劈啪作響。

我……成功了，雷果然就是電！

這個實驗極度危險，小朋友請不要模仿。

因為大地是個電阻低，而電容量近乎無限的容器。通過接地，雷的能量會被大地吸收，不會造成危險。

富蘭克林證明雷就是電以後，就想到了用接地的方法去對付雷。他用絕緣材料把幾米長的鐵杆固定在屋頂上，鐵杆連着一條粗導線，導線一直通到地下。

這樣的話，雷的力量應該會被引向大地！

幾天後，烏雲密布，雷電交加，富蘭克林安裝避雷針的建築物被雷擊中，果然毫髮無損。

那是什麼呀？你的房子怎麼會沒事？

我叫它避雷針，可以將雷電導入地下。裝上它，房子在雷雨天就不會被雷電擊中了。

真的嗎？那我們也可以裝上試試嗎？

上帝是不會對教堂發怒的！

這不祥之物一定會招來災禍，我堅決不會安裝它！

神父

都怪我當初沒有聽你的話，感謝你不計前嫌，為教堂裝上了避雷針！

不用客氣，放心吧，安裝了避雷針就沒事了！

發明家在發明的路上，往往會遇到很多困難，求證的過程也許要背負來自四面八方的質疑與打擊。所以，只有那些勇於探索、堅定不移的人才會獲得最終的成功。

掩蓋體臭的水
——香水的由來 （400多年前，法國）

- 香水是一種混合了香精油、固定劑與酒精的液體。
- 它可以讓物體（通常是人體部位）在一段時間內擁有悅人的氣味。

1533年，意大利教皇的姪女嘉芙蓮嫁給了法國國王亨利二世。

親愛的！

怎麼有股臭味？

哈哈，因為我一年都沒洗澡了。

啊？難道法國人沒有洗澡的習慣？

開始在法國定居的嘉芙蓮發現，法國並沒有她想像中的美麗……

真受不了，法國的每個地方都臭不可聞。

我們法國人不愛洗澡是有原因的。

當然不缺，只是我們覺得把皮膚暴露在空氣中容易得病。

難道法國很缺水嗎？

嘉芙蓮終於忍受不了法國的惡臭，決定改變現狀。

我從意大利帶來的香水師呢？你們快去幫我把他找來！

你的技藝一直深受意大利人的喜愛，請你一定要幫我把法國變成一個充滿香味的國度。

放心，我一定會儘快把香水做出來的。

香水師把動物的脂肪和鮮花放在一起。

等到脂肪中有了花的香味後，香水的製作就成功了一半。而鮮花要每天更換一次。

嗯。

是。

這些脂肪中已經充滿了花香味,把它們攪碎,加入酒精。

好香啊!

從此以後,使用香水開始成為法國的時尚。

太好了,自此法國的時尚界將會被香味征服。

好香啊!

渾身充滿着香味的嘉芙蓮,真是分外迷人呀!

　　法國雖然是一個盛產香水的國家,但是世界上最早的香水卻並非產自這裏。據説,很早以前,埃及女王克麗奧佩特拉就用香水和香油來洗澡了。現代的香水製作工藝已經複雜多了,需要很多香料經過提純混合,製成香水。高級的香水香味可以保持數日,而古龍水則只能維持幾小時。現代人已經很講究衞生了,不過香水作為一種提升生活品質的物品,依然是西方人生活的必需品。

不傷人的刮鬍刀

——剃鬚刀的由來

（1901年，美國）

- 剃鬚刀是成年男性用來清理鬍子的工具。
- 它銳利無比，但正確使用的話卻不會被割傷。

和往常一樣，修剪下頭髮和鬍子。

1895年的一天，美國人吉列走進了一家理髮店。

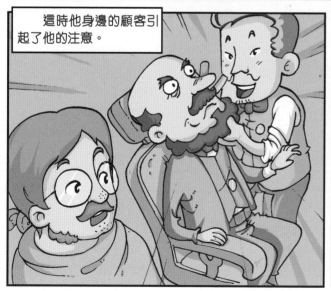

這時他身邊的顧客引起了他的注意。

師傅，請你小心點呢！

你說什麼？

啊，痛死了！

對不起，我剛剛只顧着聽你説話！

結果反而被割傷了……

是呀，那就不用冒着生命危險來刮鬍子了！

要是有一種既鋒利又不會刮傷皮膚的安全剃鬚刀，那就好了！

全世界的男子都想擁有一把這樣的剃鬚刀！

受到這件事的啟發，吉列回家後決心發明一把安全的剃鬚刀，他還找來朋友做實驗。

你們來試試我的發明！

要動刀啊？

吉列，我哪裏得罪你了？

是不是因為我吃了你的水果啊……

但是結果都不理想……

一年多過去了，吉列仍然沒有製作出一把理想的剃鬚刀。正當他準備放棄的時候，機械師尼克遜給了他鼓勵。

對，我要繼續努力！

這種剃鬚刀也許永遠都不會出現！

不要放棄啊，這個發明能幫助全世界的男子呢！

終於，在尼克遜的幫助下，吉列研製出一種「T」字形的安全剃鬚刀，他還為此申請了專利，開辦了公司，這就是著名的吉列公司。

上頁刀架

刀刃

下頁刀架

這種剃鬚刀，刀刃前進的方向與皮膚會形成夾角，不會切傷皮膚，同時刀刃接觸鬍子的角度剛好可以切割，所以能安全割斷鬍鬚。

我早就說過你可以的！

哈哈，因為這不是我一個人的事！

吉列看到刮鬚刀容易割傷皮膚的問題，並不斷思考怎樣解決這個問題，雖然他多次失敗，但憑着自身的堅持和朋友的鼓勵，最後成功地發明了剃鬚刀。因此，在我們遇到挫折時，堅持和朋友的鼓勵都是很重要。

玩家的快餐
——三文治的由來

(18世紀，英國)

- 三文治，英文是「sandwich」。
- 它和漢堡包一樣是一種典型的西方快餐食品。

三文治歷史悠久，源於英國。18世紀時，在英國東南部一個名叫Sandwich的小鎮上，有一個很愛玩紙牌的人叫約翰，他整天沉溺於紙牌遊戲中，已經到了廢寢忘食的地步。

少爺，該吃飯了！

約翰

不吃，不吃，我現在正玩得高興呢！

少爺，飯菜已經翻熱了三遍了，你多少吃點吧！

嗯，等一下！

飯菜又涼了。

少爺，你這樣下去會弄壞身體的。

唉，吃飯太麻煩，又浪費時間。

咕嚕嚕……

肚子還真餓了！

咕嚕嚕

少爺，不如你先吃塊麵包吧？

好啊！

沒有什麼味道！給我一點果醬吧！

對不起少爺，果醬吃完了，我現在出去買吧！

算了，把剩餘的蔬菜、雞蛋和烤腸拿過來！

好的！

此後，約翰天天用麵包夾着雞蛋、烤腸、蔬菜吃。

管家，給我來幾份三文治！

來了！

這種三文治製作方法簡單，有營養。想吃什麼，就可以往裏面夾什麼。

呵呵，真方便！

最主要的是不耽誤我們玩紙牌！

偉大的發明都是懶人想出來的。

三文治、漢堡包和熱狗都是快餐食品。現在，三文治的款式非常多，有夾肉的，也有夾蔬菜、水果等的。不同地方的三文治也會有不同的特色，例如法國人會以法國麵包（長棍麵包）加上配料來製作三文治，稱為「潛艇三文治」或「潛艇堡」。

自製三文治

1. 準備兩片麵包、幾片番茄、幾片青瓜和一片火腿。你也可以根據自己的喜好，準備三文治的配料，如芝士、生菜等。

2. 在其中一片麵包上抹蛋黃醬，在另一片麵包上抹芥末醬。芥末醬千萬不要抹太多，否則會嗆得你流眼淚。你可以根據自己的喜好，抹上其他醬。

這樣，一件非常簡單而且美味的火腿蔬菜三文治就完成了！按照這個方法，你還可以根據自己的喜好製作其他三文治呢！

4.

把一片麵包放平，然後在上面鋪上火腿片、番茄片和青瓜。鋪的時候盡量要平均。然後，把另一片麵包蓋在上面。

3.

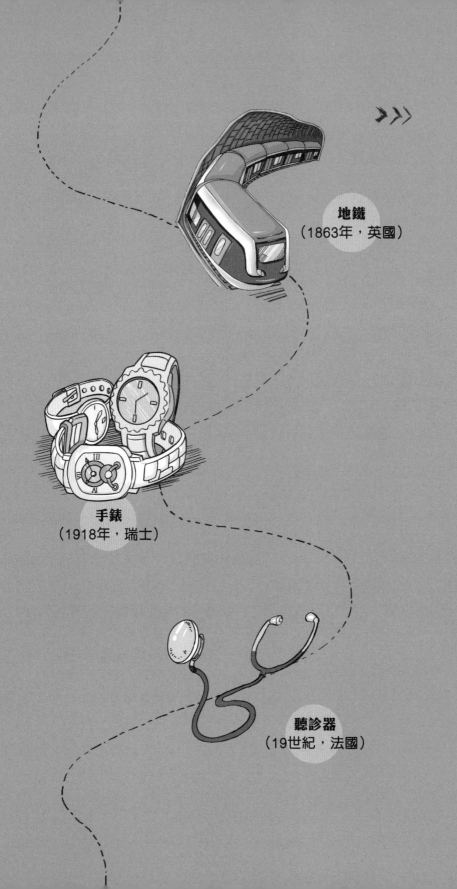

地鐵
（1863年，英國）

手錶
（1918年，瑞士）

聽診器
（19世紀，法國）

 # 細心觀察帶來的
啟發

　　有時，我們會被眼前的問題難倒，但
這些問題的解決方法可能就在身邊。機會
總是留給善於觀察身邊事物的人，一些最
厲害的發明也許就來自生活中最不起眼的
東西。

老鼠洞的啟示
——地鐵的由來 〔1863年，英國〕

- 地下鐵路，簡稱地鐵，是在城市地下運行的一種交通工具。
- 地鐵充分利用空間，能夠有效紓緩城市交通擠塞的問題。

很早以前，人們居無定所，為了尋找食物四處漂泊，根本不用考慮交通擠塞問題。

這一帶的獵物都被打光了，我們要換地方啦！

後來人們學會了種植和畜養牲口，便開始了定居生活。

隨着市集的出現，人們越聚越多，聚集變成了小村落，小村落變成了小城鎮，小城鎮又變成了大都市。

人類不斷聚居，問題也隨之而來，交通越來越擠塞。

每天馬路上都這麼擠塞，真讓人煩惱！

可惡，我要提議讓國王下令拓寬道路。

為了紓緩交通擠塞，人們想了很多辦法，但依舊跟不上城市擴張和人口湧入的速度。

1840年倫敦

唉，我們想了無數辦法，拓寬道路、設立紅綠燈、派人去指揮交通，卻還是無濟於事。

要知道倫敦現在可是世界的經濟中心，每年移民都如潮水般湧入。

是啊，這樣下去可不行，要成「堵城」了。

有什麼辦法呢？總不能強行趕走一部分人吧。

那⋯⋯不如我們向市民徵求改善交通的解決辦法吧！

嗯，這個辦法好，可以集思廣益。

1863年，根據英國人皮爾遜提交的方案，英國倫敦開通了世界上第一條地鐵，有效地緩解了地上交通擠塞的問題。讓人意想不到的是，設計這條鐵路的靈感竟然來自一個老鼠洞。

皮爾遜在大學畢業後當了一名法官，而最讓他頭痛的就是每天不能按時上下班⋯⋯

皮爾遜

又塞車了，看來今天又要遲到了。

英國的各個城市間有鐵路相連，可以乘火車自由來往，但倫敦市內為什麼會這樣擠塞呢？

沒辦法，馬車能載的人少，行走速度又慢……

而且街道又窄。

前面走快點吧！

別擠！

最主要的是沒有一條到達市中心的鐵路，哈哈！

嗯？

對呀，可以建議政府建一個倫敦中心火車站！

不行，那要拆掉多少房子啊？還要勞師動眾！

說得也對，難道交通擠塞就沒辦法解決了嗎？

141

皮爾遜一直在思考這個問題，有一天……

唉！

有老鼠！

走得真快。

牠真是有路可走啊！

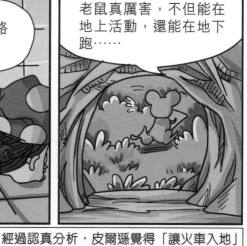

老鼠真厲害，不但能在地上活動，還能在地下跑……

火車開進城市時無法在地面上行駛，但能不能讓它轉入地下行駛呢？

經過認真分析，皮爾遜覺得「讓火車入地」的想法可行，就辭了職，專心設計起地鐵來。

一定行……夢想還是要有的，而且一定會實現的！

經過三年的努力，皮爾森向政府正式提交了地鐵的規劃。

什麼？在地下修建鐵路，這不是開玩笑嗎？

先生，我是認真的，請你仔細考慮我的提議。

不行，挖通地下會危及路上的建築，一旦倒塌就會發生重大事故，萬萬不行。

可是先生……

你不要再說了，絕對不行！

我真的不是開玩笑。

雖然皮爾遜的提議被否決，但他沒有放棄，而是不斷地改進他的設計。六年後，議會終於批准了這項開創性的規劃——修建地鐵。

經過議會討論，我們決定修建地鐵，計劃長度為六千米。

啊！地下鐵路？

這實在是太瘋狂啦！

是啊，火車在馬路下面通過，這太可怕、太危險啦！

就這樣，在民眾的一片質疑聲中，世界上第一條地鐵於1863年1月開通。

居民們爭先恐後地前去乘坐地鐵，倫敦交通擠塞的狀況得到了緩解。

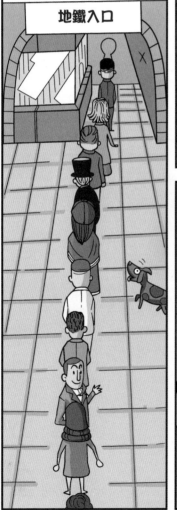

地鐵入口

可是，沒過多久，居民對乘坐地鐵就不感興趣了，又寧願乘坐馬車了。

地鐵隧道內終日濃煙滾滾，嗆得人很難受呢！

還是坐馬車好！

這是因為蒸汽機燒煤，排出的煙霧會在隧道內聚集，要是有一種不冒煙的列車就好了⋯⋯

後來，電動機出現了。1890年，倫敦建成的另一條地鐵線路由電力機車牽引，世界上第一條電動地鐵開始運行。

又乾淨又快捷，真是太好啦！

從此，無污染、速度快的地鐵相繼出現在世界各大城市，極大紓緩了地面擠塞的交通狀況。

我是個很有時間觀念的人，當初只是想讓自己按時上班而已。沒想到居然發明了這麼偉大的交通工具，哈哈哈！

地鐵的發明富有傳奇色彩，它看起來有很多偶然因素，卻包含了一個道理：許多時代的問題，催生出時代的發明。正是由於城市人口的大爆發，交通十分擠塞，所以發明了地鐵。如今，在許多人口眾多的城市，地鐵已經成為紓緩交通壓力的主要交通工具。

固定在手腕上的錶
——手錶的由來 （1918年，瑞士）

- 手錶，也叫腕錶，人們可以將它戴在手上。
- 有了它，人們可以隨時隨地看時間。

把懷錶整天放在衣袋裏，總感覺沉甸甸的，很不舒服。

人們最初使用的錶比較簡陋，它們並不是被戴在手上，而是裝在口袋裏，叫作懷錶。

1918年，瑞士鐘錶匠扎納‧沙奴決定發明一種更方便攜帶的錶。

我一定要發明一種更方便攜帶的鐘錶！

可惜他一次又一次失敗。

掛在頸子上還不如放在口袋裏。

啊！

唉，還是未想到，出去透透氣吧。

嘿，朋友，能陪我們喝一杯嗎？

原來是一羣無所事事的老兵⋯⋯

這個
錶⋯⋯

這個⋯⋯這
個⋯⋯你是
怎麼想到把
錶固定在手
腕上的？

嗯？

嘿嘿！這是我自創的方法，
打仗的時候方便隨時看時間
呀！

哈哈，我找到了，我終於找到啦！來吧，朋友們，為了我的偉大發明，大家痛飲一杯！

怎麼了？

聽不懂，可能還沒喝就先醉了吧。哈哈！

在錶的兩邊弄兩個針孔，這樣可以將皮帶固定住，然後就能輕鬆地戴在手腕上了！哈哈，我果然是個天才……

扎納·沙奴發明的就是最早的手錶，也是真正意義上的手錶。後來，經過不斷的發展，出現了各種各樣的高級手錶。

完成了。

扎納·沙奴從老兵那裏受到了啟發，經過思考製作了一種新式錶。

手錶最早是用在軍事上的，讓士兵們在戰爭中能更方便地看時間。後來，手錶傳到民間，並且漸漸成為一種時尚的飾物。許多手工製作的手錶更是價格不菲。當今手錶業最發達的國家是瑞士，許多世界知名的手錶品牌都誕生於此。

我不過是從一個普通老兵那裏得到了一點啟發，居然開啟了一個大行業，哈哈！

敲木頭的啟示
——聽診器的由來 （19世紀，法國）

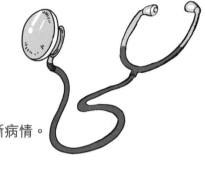

- 聽診器是醫生常用的診症用具。
- 醫生可以使用聽診器聽病人體內的聲音，從而判斷病情。
- 聽診器的發明是現代醫學的標誌。

19世紀，法國有位著名醫生名叫拉埃內克，因其醫術高明，所以經常為貴族診病。一天，他在街上遇到幾個孩子在玩耍。

你那邊聽得到敲擊木頭的聲音嗎？

能聽見！

奇怪，為什麼另一邊的小孩能聽到敲擊木頭的聲音呢？

醫生，我家小姐病了，你快幫忙看看吧！

好的，我們馬上出發！

拉埃內克跟隨僕人上了馬車。

醫生，我的心臟不舒服！

醫生，我家小姐到底怎麼了？

難道是心臟病？要診斷正確，最好還是聽聽心臟的聲音。可是，她是個貴族小姐，如果我把耳朵貼在她身上聽，太失禮啊！

醫生怎麼了！

難道是疑難雜症？

對了，我可以用剛剛的小孩敲擊木頭的方法！

我想用厚紙捲成圓筒，聽聽小姐心跳的聲音，可以嗎？

先生請便！

能有效嗎？

果然，心跳聲有點不規律……

小姐的病情已經確定了,我這就去開藥方!

如果專門做一個能聽人體內部聲音的工具,以後看病不就更方便了嗎?

我還有重要的事情要做,先回家了!

先生,你忘了拿診療費!

拉埃內克用空心木管做出了一個比較精細的助聽工具,這就是世界上第一個聽診器。

雖然拉埃內克是在偶然的情況下,得到發明聽診器的靈感,但聽診器的出現卻為醫學帶來了很大的貢獻。從拉埃內克發明聽診器的故事中,我們可以看出,只有在生活中處處留心,也許就能在需要的時候觸發那份靈感,有意想不到的收穫。

科普漫畫系列

漫畫萬物起源：偉大創新

作　　者：洋洋兔動漫

責任編輯：葉楚溶

美術設計：鄭雅玲

出　　版：新雅文化事業有限公司

　　　　　香港英皇道499號北角工業大廈18樓

　　　　　電話：(852) 2138 7998

　　　　　傳真：(852) 2597 4003

　　　　　網址：http://www.sunya.com.hk

　　　　　電郵：marketing@sunya.com.hk

發　　行：香港聯合書刊物流有限公司

　　　　　香港荃灣德士古道220-248號荃灣工業中心16樓

　　　　　電話：(852) 2150 2100

　　　　　傳真：(852) 2407 3062

　　　　　電郵：info@suplogistics.com.hk

印　　刷：中華商務彩色印刷有限公司

　　　　　香港新界大埔汀麗路36號

版　　次：二〇二〇年四月初版

　　　　　二〇二一年五月第二次印刷

本書中文繁體字版權經由北京洋洋兔文化發展有限公司，授權香港新雅文化事業有限公司
於香港及澳門地區獨家出版發行。